August Rothpletz

Die Steinkohlenformation und deren Flora an der Ostseite des Tödi

Salzwasser

August Rothpletz

Die Steinkohlenformation und deren Flora an der Ostseite des Tödi

1. Auflage | ISBN: 978-3-84607-495-4

Erscheinungsort: Paderborn, Deutschland

Erscheinungsjahr: 2015

Salzwasser Verlag GmbH, Paderborn.

Nachdruck des Originals von 1880.

August Rothpletz

Die Steinkohlenformation und deren Flora an der Ostseite des Tödi

Salzwasser

Abhandlungen

der

schweizerischen paläontologischen Gesellschaft.

Vol. VI. (1879).

Die

Steinkohlenformation und deren Flora

an der

Ostseite des Tödi.

Von

A. Rothpletz.

Mit zwei Tafeln.

ZÜRICH,

Druck von Zürcher und Furrer.

März 1880.

Conrad Escher v. d. Linth *) hat 1807, als der erste, des Vorkommens von Anthracit («Kohlenblende») an der oberen Sandalp Erwähnung gethan.

Sein Sohn Arnold untersuchte die Schichten, in welchen derselbe daselbst vorkommt, genauer und sprach die bestimmte Vermuthung aus, dass sie carbonischen Alters seien. Seine Bemühungen, Pflanzen darin aufzufinden, waren jedoch vergebens, obwohl er noch 1868 zu diesem Zwecke gemeinsam mit Theobald und A. Heim diese Gegend besuchte.

Aehnliche Bildungen wie diejenigen an der Ostseite des Tödi fand A. Escher auch am Bristenstock, am Südabfall der Windgelle und ob der Herrenrüti im Engelberger Thale, aber nirgends konnte er palaeontologisch seine Parallelisirung mit den pflanzenführenden Anthracitschichten des Wallis und der Tarentaise begründen.

1878 hat A. Heim **) das Vorkommen derselben Schichten an der Süd- und Westseite des Tödi bekannt gegeben, ohne in Bezug auf Pflanzenfunde glücklicher als Escher zu sein.

Im Herbst 1879 unternahm ich eine Besteigung des Ochsenstockes und Bifertengrätli — den Fundpunkten der anthracitführenden Schichten auf der Ostseite des Tödi — und fand an letzterem eine versteinerte Flora, welche in Bezug auf die meisten Species mit derjenigen völlig übereinstimmt, welche von O. Heer ***) aus dem Wallis und den französischen Alpen beschrieben worden ist.

Die Vermuthung A. Escher's hat somit ihre volle Bestätigung erhalten, und zugleich besitzen wir nun ein palaeontologisch sicher bestimmtes Mittelglied, welches eine Verbindung zwischen der Steinkohlenformation der Ost- und Westalpen herstellt.

---

*) Leonhard's Taschenb. f. Min. 1809 pag. 339: Brief vom Nov. 1807.

**) Mechanismus der Gebirgsbildung Bd. I.

***) Flora fossilis Helvetiae 1876. Dazu ein Nachtrag von E. Renevier in den Bull. soc. vaud. sc. nat. XVI 82 : Gisements fossilifères houillers du Bas-Valais.

I. Die Steinkohlenflora an der Ostseite des Tödi.

Bei der nachfolgenden Beschreibung habe ich mich betreffs der Nomenclatur möglichst genau an diejenige Heer's angeschlossen, um den Vergleich mit der Steinkohlenflora des Wallis und der französischen Alpen nicht unnöthig zu erschweren. Die Synonymen für die einzelnen Species sind, um Verwechselungen vorzubeugen, alle aufgeführt, die Literaturangaben und botanischen Speciesdefinitionen hingegen, welche in den betreffenden Handbüchern leicht zu finden sind, glaubte ich weglassen zu können.

Der Erhaltungszustand der Pflanzen ist genau derselbe, wie derjenige des Wallis und der Tarentaise. Ihre Substanz ist theils in Anthracit, theils in silberglänzenden Glimmer oder Quarz umgewandelt. Näheres hierüber, sowie über das häufige Verdrücktsein der Pflanzen wird bei der Beschreibung der Architektonik mitgetheilt werden.

Die Pflanzenreste, welche ich innerhalb dreier Tage, die ich der Untersuchung der dortigen Steinkohlenformation widmen konnte, sammelte, gehören vier verschiedenen Abtheilungen an:

         I. den Calamiten,

         II. den Farnen,

         III. den Lepidodendren,

         IV. den Coniferen.

I. Calamiteae.

Calamitenstammstücke sind nicht selten und zum Theil recht gross. Das grösste Fragment, welches ich sah, stellte einen flachgedrückten Cylinder dar, dessen grösster Durchmesser $0^m.15$ und dessen kleinster Durchmesser $0^m.05$ im Querschnitt betrug.

1. Calamites Suckowi Brong.
Taf. II, Fig. 1.

Calamites ramosus Artis, Calamites nodosus, aequalis et undulatus Sternb., Calamites communis Ettingsh. ex parte, Asterophyllites foliosus Geinitzi.

Calamites Suckowi var. cannaeformis Schloth.

Taf. II, Fig. 2.

Calamites decoratus et Steinhaueri Brong., Calamites nodosus Schloth.

Nach der üblichen Diagnose soll sich Calamites Suckowi von cannaeformis dadurch unterscheiden, dass ersterer nur bis 2^{mm}, letzterer aber bis zu 5^{mm} breite und etwas gewölbtere Rippen habe. O. Heer hat aber beide Species zu einer vereinigt und behält cannaeformis nur noch als Varietät bei. Die Exemplare vom Bifertengrätli haben bis zu 3^{mm} breite, flache Rippen, welche durch bis zu 1^{mm} breite, ebenfalls flache Furchen von einander getrennt werden. Die Länge der einzelnen Stengelglieder steigt von 1 bis über 4^{cm}. Da die breit- und die schmalrippigen Exemplare im übrigen keinen wesentlichen Unterschied von einander aufweisen, so lag kein Grund vor, sie zu trennen.

2. Calamites Cisti Brong.

Taf. II, Fig. 3.

Stengelfragmente dieses Calamiten sind viel häufiger als solche des vorhergehenden, von denen sie durch ihre hochgekielten und nur bis zu 2^{mm} breiten Rippen leicht unterschieden werden. Die Stengelglieder sind gewöhnlich bedeutend länger als breit, doch kommen auch kürzere vor. Fig. 3, Taf. II stellt einen 4^{cm} breiten Stengel dar, der bei einer Länge von 11^{cm} 7 Glieder hat und in Folge dessen an Calamites approximatus erinnert, von dem er sich jedoch, falls Cal. approximatus sich als selbstständige Species überhaupt aufrecht erhalten lässt, durch den Mangel convergirender Furchen an den Knoten unterscheidet.

3. Asterophyllites.

Hierzu gehört das Taf. II, Fig. 4. abgebildete Exemplar, welches durch die an den oberen Enden angeschwollenen Glieder ausgezeichnet ist. Von den wirtelständigen Blättern sind aber nur undeutliche Basalstücke erhalten — eine Speciesbestimmung darum unmöglich.

II. Filices. Farne.

I. Fam. Sphenopterideae.

Einige undeutliche Fiederfragmente gehören zweifellos hierher. Da ihr Erhaltungszustand aber ein zu schlechter ist, muss auf eine Speciesbestimmung verzichtet werden.

Nur ein Fiederfragment lässt sich recht wohl als **Sphenopteris trifoliolata Brong.** (Taf. I, Fig. 15) bestimmen, obwohl es sich nach der Form seiner Foliolen von der nahe verwandten Sphenopteris obtusiloba Brong. auch nur wenig unterscheidet.

II. Fam. Neuropterideae.

Gen. Cyclopteris Brong.

Cyclopteris trichomanoides Brong.

Adiantites trichomanoides Goepp.

Einzelne Blättchen, deren eines Taf. I, Fig. 6 abgebildet ist, können zwar vielleicht hierzu gezogen werden. Da aber die feinen und sich mehrfach dichotomirenden Nerven derselben nach der Blattbasis zu sanft anschwellen, so gleichen sie ganz denjenigen von Neuropteris auriculata var. obliqua. Ich habe es daher vorgezogen, diese Blätter als Spindelfiederchen zu Neuropteris auriculata zu stellen.

Gen. Neuropteris.

Die zahlreichen zu diesem Genus gehörigen Fiederfragmente lassen sich auf zwei Grundformen zurückführen, nämlich auf solche mit an der Basis einseitig geöhrten Fiederchen und auf solche mit an der Basis beiderseitig geöhrten Fiederchen. Letztere gehören zu Neuropteris auriculata, erstere zu Neuropteris tenuifolia, flexuosa und Grangeri, welche sich unter einander durch das Verhältniss der Länge zur Breite der geöhrten Seiten-Fiederchen unterscheiden. Dieses Verhältniss ist bei

Neuropteris tenuifolia wie $3:1$
» 　　 flexuosa 　 wie $2:1$
» 　　 Grangeri wie $1^1/_2 : 1$.

O. Heer betrachtet Neuropteris tenuifolia nur als Varietät der flexuosa, da er Zwischenformen fand, welche beide Species bis zur Untrennbarkeit verbinden. In der That kann man auch eine derartige äussere Formverschiedenheit der Fiederchen nur als ein höchst unwesentliches Merkmal für Speciesbestimmung ansehen, und ich erkenne daher auch Neuropteris Grangeri nur den Werth einer Varietät der flexuosa zu.

1. Neuropteris auriculata Brong.

Taf. I, Fig. 4, 5, 6.

Neuropteris Villiersi Brong., *Cyclopteris auriculata et Villiersi Goepp.*, *Neuropteris auriculata et obtusifolia Rost*, *Adiantites auriculatus et obliquus Goepp.*, *Cyclopteris obliqua Brong.* *Nephropteris obliqua Schimper*, *Cyclopteris Germari Gutb.* *Neuropteris ingens Lindl. et Hutt.*

End-, Seiten- und Spindelfiederchen dieser Species habe ich bis jetzt nur isolirt gefunden. Die Seitenfiederchen (Taf. I, fig. 5, 5 a, b) sind länglich-eiförmig, oben abgerundet, unten herzförmig ausgebuchtet, auf kurzem Stiele sitzend und haben keinen mittleren Hauptnerv; vielmehr steigen gleichstarke und zahlreiche Nerven in schwachem Bogen divergirend und mehrfach sich dichotomirend aus der Basis des Fiederchens auf. Die Länge der Blättchen schwankt zwischen 20 und 35^{mm}, die Breite zwischen 7 und 15^{mm}. Die Endfiederchen (Taf. II, fig. 4) sind verkehrt eiförmig, nach unten zugespitzt, bis 70^{mm} lang, 25^{mm} breit und haben einen sanft wellig gebogenen Rand. Die Spindel-fiederchen, von cyclopterisartigem Ansehen, schwanken in der Länge von 15 zu 35^{mm}, in der Breite von 20 zu 40^{mm} (siehe bei Cyclopteris trichomanoides). Mit diesen isolirten Fiederchen kommen Spindelfragmente vor, welche durch eine feine, parallele Streifung ausgezeichnet sind und wohl zu Neuropteris auriculata gerechnet werden dürfen, da nach Geinitz (Steinkohlenflora Sachsens) die Spindeln dieses Farnes so fein gestreift sind, dass man sie leicht mit Blättern von Noeggerathia (Cordaites) palmaeformis ver-wechseln könne.

2. Neuropteris flexuosa Brong.

Taf. I, fig. 8, 9.

\ **1. Var.: tenuifolia** *Heer*, *Filicites tenuifolius Schloth.*, *Neuropteris tenuifolia Brong.*
Taf. I, fig. 10.

2. Var.: Grangeri, *Neuropteris Grangeri*, *Cisti et rotundifolia Brong.*
Taf. I, fig. 7.

Dieser Species und ihren Varietäten gemeinsam ist:

Fiederchen an der Basis herzförmig mit verlängertem unterem Ohre, länglich, oben abgerundet, wechselständig, gegen die Spitze des Fieders an Grösse allmählich etwas abnehmend bis zu dem länglich-ovalen und viel grösseren Endfiederchen. Der mittlere Hauptnerv ist wenig und nur in dem unteren Drittel der Blattlänge hervortretend; die Seitennerven zweigen sich unter spitzem Winkel ab und biegen sich mehrfach dicho-tomirend allmählich um. Nur das oben angeführte Längen- und Breiten-Verhältniss der Fiederchen unterscheidet beide Varietäten von Neuropteris flexuosa.

Von Neuropteris flexuosa fanden sich zahlreiche Fieder, deren alternirende Seitenfiederchen in der Länge zwischen 12 und 20ᵐᵐ, in der Breite zwischen 7 und 12ᵐᵐ schwanken. Das Endfiederchen ist entsprechend der alternirenden Stellung der Seitenfiederchen auf der einen Seite der Spindel weiter herablaufend als auf der anderen — also einseitig geformt, und in Folge dessen die eine der durch die Medianlinie gebildeten Hälften breiter als die andere. Die durchschnittliche Länge dieser Endfiederchen beträgt 35ᵐᵐ, die grösste Breite 15ᵐᵐ. Dieses länglich-eiförmige Blattsegment ist nach oben spitzig ausgezogen, nach unten entweder mit glattem oder mit etwas ausgebuchtetem Rande kurz-keilförmig verlaufend.

Var. tenuifolia ist nur durch das eine Taf. I, fig. 10 abgebildete Fiederfragment vertreten.

Var. Grangeri. Brongniart, welcher diese von mir als Varietät der N. flexuosa aufgefasste Species aufgestellt hat, sprach schon die Vermuthung aus, dass auch seine Species Neuropteris Cisti und rotundifolia sehr eng mit jener verwandt seien. Alle drei Species haben an der Basis einseitig geöhrte Fiederchen, wenn schon diese Oehrung bei N. rotundifolia, nach Brongniarts Abbildung zu urtheilen, nicht sehr hervortretend ist. Ihre Fiederchen sind ferner alle im Verhältniss zur Länge sehr breit. Da jedoch die Breite die Länge nie erreicht, so erscheint der Name rotundifolia auch für die Brongniart'sche Species unberechtigt. Nach den gegebenen Abbildungen und Beschreibungen von Brongniart erscheint als hauptsächlichster Unterschied seiner 3 Species der, dass die Fiederchen bei Cisti etwas von einander abstehen, bei Grangeri dicht stehen und bei rotundifolia sich an den Rändern decken — Unterschiede höchst äusserlicher und zufälliger Natur. Sollte sich allerdings die Angabe Brongniarts bestätigen, dass bei N. Cisti nicht das untere, sondern das obere Basisende geöhrt sei, so müsste Cisti von Grangeri getrennt werden.

Farne dieser drei Species sind bis jetzt nur aus Amerika beschrieben worden.

Die vom Bifertengrätli stammenden Fiederfragmente, welche ich als Varietäten der N. flexuosa betrachte, haben 9—12ᵐᵐ lange und 7—8ᵐᵐ breite Seitenfiederchen und Endfiederchen von gleicher Grösse und Form wie N. flexuosa.

III. Fam. Pecopterideae.

Im Anschluss an O. Heer vertheilen wir die am Bifertengrätli gefundenen Species dieser Familie auf die 2 genera:

    1. Cyatheites, mit zweireihig an den Secundarnerven angeordneten runden Fruchthäufchen.

    2. Pecopteris, deren Früchte unbekannt sind.

1. Gen. *Cyatheites Goepp. (ex parte).*

Cyathocarpus Weiss, Pecopteris-Cyatheides Schimper.

1. Cyatheites arborescens Schloth.

Taf. I, fig. 2 ; Taf. II, fig. 5.

Filicites arborescens et cyatheus Schloth., *Pecopteris arborea et Schlotheimi Sternb.*, *Pecopteris arborescens, Cyathea, lepidorhachis, platyrhachis et aspidioides Brong.*, *Cyatheites arborescens*, *Schlotheimi et lepidorhachis Goepp.*, *Asplenites nodosus Goepp.*, *Aspidites nodosus et leptorhachis Goepp.*, *Pecopteris-Cyatheides arborescens et nodosa Schimp.*, *Cyathocarpus arborescens Weiss.* *Nach Grand'Eury zu Asterocarpus gehörig.*

Es ist dies eine der häufigsten Farnspecies des Bifertengrätli. Die Fiederblättchen haben eine Länge von 4—7^{mm} und ' eine Breite von 1¹/₂ bis 3^{mm} und zeigen in Folge dessen sehr verschiedene Formen. O. Heer hat die Fieder mit langen und schmalen Segmenten von denjenigen mit kürzeren und breiteren Segmenten als **Varietät Cyathea** abgetrennt, und in der That zeigen die einzelnen Fiedern dieser Species bei aller Formverschiedenheit der Fiederblättchen hauptsächlich zwei Typen: die kurzblätterige mit 2—3^{mm} breiten und 4—5^{mm} langen und die langblätterige mit 1¹/₂—2¹/₂ breiten und 5—7^{mm} langen Fiederchen. Es scheint darum empfehlenswerth, letztere als besondere Varietät von der gewöhnlichen Form arborescens zu unterscheiden, wenn schon beide durch Mittelglieder miteinander verknüpft sind. Uebrigens befinden sich unter den von Petitcœur (Savoyen) stammenden Fiedern der Pecopteris arborescens auch solche, deren Fiederblättchen bis 3¹/₂^{mm} breit werden. Ein 7^{cm} langes Fiederfragment von daher, welches sich in der Sammlung des Polytechnikums in Zürich befindet, hat 6^{mm} lange und 3¹/₂^{mm} breite Fiederchen, welche nach der Fiederspitze zu etwas kleiner, nämlich 4^{mm} lang und 3^{mm} breit, werden.

2. Cyatheites Candolleanus Brong.

Taf. I, fig. 3.

Filicites aquilinus Schloth., *Pecopteris Candolliana et affinis Brong.*, *Cyatheites Candolleanus Goepp.*, *Cyathocarpus Candolleanus Weiss.*

Die Fiederchen dieser Farnspecies sind 7—9—11^{mm} lang und 1¹/₂—2—2¹/₂^{mm} breit, das Längen- und Breitenverhältniss ist somit durchschnittlich 4 : 1. Da bei Cyatheites arborescens dasselbe wie 2 : 1 und bei var. Cyathea wie 3 : 1 ist, so kann dies als ein charakteristisches Unterscheidungsmerkmal für beide Species gelten, wozu noch kommt, dass bei Cyatheites Candolleanus der Mittelnerv etwas stärker als bei arborescens entwickelt ist.

3. Cyatheites Miltoni Artis.

Filicites Miltoni Artis,' Pecopteris Miltoni, polymorpha et abbreviata Brong.,
Cyatheites Miltoni Goepp., Sphenopteris ambigua Gutb,, Cyathocarpus Miltoni Weiss.

Einige sterile Fiederfragmente gehören zweifellos zu dieser Species. Zweifelhafter
ist es, ob das fertile Fiederfragment, welches Taf. II, Fig. 6, abgebildet ist, ebenfalls
hierher zu stellen sei. Prof. Heer ist geneigt, dasselbe zu diesem polymorphen Farn
zu rechnen, und in der That hat es auch mit dem in seiner Flora fossilis Helvetiae
abgebildeten fertilen Fieder des Cyatheites Miltoni grosse Aehnlichkeit. Immerhin
aber ist die Form der Fiedersegmente auffallend, welche rechtwinkelig von der Fieder-
spindel abstehend, mit der ganzen Basis an letzterer angewachsen sind und bei einer
Breite von 4^{mm} eine Länge von 5^{mm} besitzen. Die Breite der Fiederchen nimmt nach
oben nur wenig ab, in Folge dessen die an der Basis sich berührenden Fiederchen auch
an der Spitze nur wenig von einander abstehen. Oben sind letztere nicht abgerundet,
sondern mehr flach abgestumpft, wodurch die Fiederchen sehr das Ansehen von denjenigen des Cyatheites arborescens bekommen, von welchen sie sich aber durch die
Grössenverhältnisse recht wohl unterscheiden lassen. Die Nervatur ist nicht mehr
erkennbar, dahingegen sieht man sehr deutlich, dass zu beiden Seiten des Hauptnerves
auf den Fiedersegmenten je 4 Sori reihenförmig angeordnet sind. Vielleicht gelingt
es später, besser erhaltene, fertile Fiedern dieser Art am Bifertengrätli aufzufinden,
deren Nervatur noch erkennbar ist, und die eine genauere Bestimmung zulassen.

4. Cyatheites dentatus Brong.

Pecopteris dentata et plumosa Brong., Cyatheites dentatus Goepp., Pecopteris
angustifida Ettingsh., Cyathocarpus Weiss.

Diese Art ist durch zahlreiche Fiederfragmente vertreten, von denen besonders
eines recht gut erhalten ist, welches aus einem 7^{cm} langen Fieder zweiter Ordnung
besteht, welcher 12^{mm} lange Fiedern dritter Ordnung trägt.

II. Gen. Pecopteris Brong.

Pecopteris et Cyatheites Weiss.

1. Pecopteris aquilina Schloth.

Filicites aquilinus Schloth., Pecopteris aquilina et affinis Schloth., Alethopteris
aquilina Goepp. Auch Asterocarpus aquilinus Weiss, wenn man Hawlea pulcherrima
Corda als fertiles Blatt hierzurechnet.

Nur ein Fiederfragment dieser Art wurde gefunden. Die Form der Fiederchen gleicht sehr derjenigen von Pecopteris Grandini, unterscheidet sich jedoch recht charakteristisch von dieser dadurch, dass die Fiederchen an der unteren Basisseite schief, an der oberen gerade auf die Rhachis herablaufen, während die Fiederchen der Pecopteris Grandini an der oberen wie unteren Basisseite gleichmässig schief gegen die Rhachis auslaufen und in Folge dessen unter einem stumpferen Winkel als bei Pecopteris aquilina auf einander treffen.

2. Pecopteris Grandini Brong.

Taf. I, fig. 1, 1a.

Alethopteris Grandini Goepp., *Pecopteris Grandini Ettingsh.*

Hierzu fanden sich mehrfache Fiederfragmente, deren Fiederchen 15^{mm} lang und 4^{mm} breit sind und die sich nach der Spitze allmählig verjüngen, um endlich in ein kleines Endfiederchen auszulaufen.

II. Lepidodendreae.

Zu dieser Familie gehörig fanden sich Wurzel-, Stamm- und Aststücke, sowie einzelne Blätter. Ihr Erhaltungszustand ist indessen zum Theil kein sehr guter, besonders die Narben der Aeste zeigen ihre feinere Structur nur sehr unvollkommen.

Die Ast- und Stammstücke verweisen auf Lepidodendron Sternbergi, die Blätter auf Lepidodendron longifolium.

1. Lepidodendron Sternbergi Brong.

Lepidodendron obovatum, dichotomum et manebachense Sternb., *Lepidodendron Sternbergi, elegans, gracile et rugosum Brong.*, *Lepidodendron Lindleyanum Unger*, *Lepidodendron acerosum et dilatatum Lindl. et Hutt.* *Sagenaria obovata Sternb.*, *Sagenaria rugosa et Goeppertiana Presl*, *Lycopodiolites elegans Sternb.*, *Palmacites squamosus Schloth.*, *Sagenaria dichotoma Gein.*

Zu dieser Art zähle ich mehrere Stammstücke, von denen das grösste eine Stammbreite von 0,65 Meter bei einer Erhaltungslänge von 1,5 Meter besass, während das nächstgrösste 0,4 Meter breit und lang war. Die der kohligen Substanz gänzlich beraubte Oberfläche ist mit nicht sehr scharf contourirten Schuppen bedeckt, welche durchschnittlich 2 Centim. breit und 1 Centim. lang sind und sich dachziegelartig einander decken. Die gefundenen Aststücke sind stark comprimirt, und obwohl hier kohlige Substanz noch vorhanden ist, so lassen sich die Narben doch nur stellenweise nach ihrer äusseren Form erkennen, welche ein sehr zusammengedrücktes, längliches, stehendes Rhomboid darstellt, dessen grösster Durchmesser 3—4 Centim., dessen kleinster 6—8 Millim. beträgt.

Zwischen Lepidodendron Sternbergi und aculeatum als zwei Grundformen von Lepidodendron-Aststücken gilt uns als hauptsächlichstes Unterscheidungsmerkmal die Stellung des Polsters innerhalb der Narben und das Verhältniss der Länge zur Breite der Narben.

Bei Lep. Sternbergi ist letzteres durchschnittlich wie 2 und 3 zu 1, bei Lep. aculeatum wie 4 zu 1; bei Sternbergi befindet sich das Polster in der oberen Hälfte der Narbe, bei aculeatum geht es nur wenig über die Hälfte der Narbe herauf.

Bei unseren Aststücken scheint nun zwar das oben angeführte Längen- und Breiten-verhältniss der Narben von 4 bis 5 zu 1 für die Zugehörigkeit zu Lep. aculeatum zu sprechen, aber wir müssen bedenken, dass die Compression, welche unsere Aststücke offenbar erlitten haben, nothwendig, da sie eine seitliche war, auch die Narben com-primiren, d. h. schmäler machen musste. Da nun die durch kleine, längliche Höcker angedeuteten Polster bei unseren Exemplaren in der oberen Hälfte der Narben liegen, so spricht dies wohl für Lepidodendron Sternbergi.

Es ist auch hier zu wünschen, dass weitere Funde besser erhaltene Exemplare zu Tage fördern mögen.

2. Lepidophyllum.

Taf. I, fig. 13, 13a.

Hierzu gehörig fanden sich nur zwei Fragmente, deren längstes 3 Centim. lang und 3 Millim. breit ist. Da eine Abnahme der Breite in keiner Richtung wahrnehmbar ist, so gehören diese Bruchstücke jedenfalls einer langen Blattform an. Zwei zarte, parallele Linien, welche von 2 schwach vertieften Furchen hervorgebracht sind, theilen die Blätter in 3 gleiche Theile, von denen der mittlere bei einer Breite von ²/₃ Millim. etwas erhabener als die zwei anderen ist und von einem wenig erhöhten Kiele der Länge nach durchzogen wird. Der Breite nach gleichen diese Blätter Lepidophyllum setaceum Heer, und wenn man sie auf eine bestimmte Lepidodendron-Species beziehen will, so verweisen sie auf Lepidodendron longifolium Brong., welches zum Theil wenig-stens mit Lepidodendron Sternbergi zusammenfällt.

3. Stigmaria ficoides Brong.

Die eine, erhaltene Seite eines Wurzelastes, welcher mit 5—6 Millim. grossen Narben besetzt ist, an denen theilweise noch bis 15 Centim. lange, flachgedrückte und 15 Millim. breite Wurzelblätter ansitzen, setzen einerseits die Zugehörigkeit dieser Reste zu Stigmaria ficoides ausser allen Zweifel, andererseits aber beweist die grosse Aehnlichkeit derselben mit Stigmaria inaequalis Goepp., von welcher es als ausgemacht betrachtet werden kann, dass sie zum Theil wenigstens die Wurzeln des Lepidodendron Veltheimianum darstellen, dass auch unsere Stigmaria ficoides vulgaris Goeppert Wurzeln sind. In unserem Falle liegt es aber nahe, dieselbe auf Lepidodendron Sternbergi zu beziehen. Einzelne Wurzelfasern resp. -Blätter fanden sich nicht selten isolirt.

IV. Coniferae.

Cordaites Unger. Flabellaria Sternb. ex parte.

1. Cordaites palmaeformis Goepp.

Taf. I, fig. 12.

Noeggerathia palmaeformis Goepp., Cordaites palmaeformis Weiss.

Die zu dieser Species gehörigen Blätter zeichnen sich durch gleichstarke Nerven aus. Die Breite der Blätter schwankt zwischen 2 und 7 Centim. Meist kommen 3 bis 4 Nerven auf 1 Millim., selten nur 2.

2. Cordaites borassifolius Sternb.

Taf. I, fig. 11.

Flabellaria borassifolia Sternb., Cordaites borassifolius Unger, Pycnophyllum borassifolium Brong.

Die Blätter dieser Art sind durch abwechselnd starke und schwache Nerven charakterisirt, von denen bei unseren Exemplaren je meist 4, seltener 3 auf 1 Millim. fallen. Die stärkeren Nerven stehen also gewöhnlich $\frac{1}{2}$ Millim. auseinander und der Zwischenraum wird durch einen schwächeren Nerven halbirt. Stellenweise schwillt letzterer jedoch an ein und demselben Blatte etwas an, oder es ist der Unterschied zwischen stärkeren und schwächeren Nerven überhaupt nur sehr gering, und alsdann wird Cordaites borassifolius dem palmaeformis sehr ähnlich.

3. Carpolithus marginatus Arfis.
Taf. II, fig. 7.

Cardiocarpon marginatum et Gutbieri Gein. und Carpolithes Cordai Gein.

Diese Früchte sind mit grosser Wahrscheinlichkeit zu Cordaites zu stellen, wenn schon sie keiner bestimmten Cordaites-Art zugetheilt werden können.

Walchia Sternb.
Taf. I, fig. 14, 14 a—c.

Zahlreiche, abgebrochene, kleine Nadeln fanden sich vor, die nur bis zu 8 Millim. lang sind bei einer Breite von ⅛ Millim. Sie stellen gerade, in der einen Längsrichtung nur sehr wenig sich verjüngende Cylinder mit glatter Oberfläche dar, die nur auf der einen Seite der Länge nach schwach gerinnt erscheinen. Sie können in Folge dessen weder Calamarien- und Lycopodiaceenblätter sein, und es scheint am wahrscheinlichsten, dass sie einer neuen Walchia-Art angehören. Indessen steht zu hoffen, dass spätere Funde uns darüber noch genügendere Klarheit verschaffen werden.

Zur besseren Orientirung dient nachfolgende tabellarische Uebersicht über die anderweitige Verbreitung der am Tödi gefundenen Pflanzenarten. Sie ist zusammengestellt auf Grund der vorhandenen literarischen Angaben und des in der Sammlung der geologischen Landesuntersuchung von Sachsen in Leipzig befindlichen, von Zwickau stammenden Materiales, in welch' letzterem ich mehrere auf der Tabelle mit ° bezeichnete Arten fand, die von Geinitz in seiner Beschreibung der Steinkohlenflora von Sachsen noch nicht erwähnt worden sind.

Von den 21 Arten des Bifertengrätli sind nur 2 aus dem Untercarbon und 10 aus dem Perm bekannt, während alle im Mittelcarbon gewöhnlich, 10 Arten sogar nur im Mittelcarbon bis jetzt gefunden worden sind.

Hieraus geht zweifellos hervor, dass die anthracitführenden Schichten an der Ostseite des Tödi dem Mittelcarbon, d. h. der productiven Steinkohlenformation angehören.

O. Heer hat·ferner festgestellt, dass die mittelcarbonischen Schichten des Wallis und Savoyens einer oberen (Farnen-) Zone, diejenigen der Dauphinée und Steiermarks einer unteren (Sigillarien-) Zone entsprechen. Die Flora des Bifertengrätli enthält keine für diese untere Etage charakteristischen Formen, insbesondere keine Sigillarien, aber Cordaites palmaeformis, welcher nur in der oberen Etage des Mittelcarbon vorkommt, und sie gehört somit offenbar der Farnenzone an.

Drei Arten sind für das alpine Carbon neu, nemlich: *Neuropteris flexuosa var. Grangeri*, *Pecopteris aquilina* und *Carpolithus marginatus*, aber gerade diese sind echte mittelcarbonische Formen.

Species vom Bifertengrätli.	Wallis.	Savoyen.	Dauphinée.	Oestreich.	Saarbrücken, Westphalen und Baden.	Sachsen.		Schlesien.	Mähren und Böhmen.	Untercarbon.	Mittelcarbon.	Perm.
						I.	II.					
1. Calamites Suckowi	*	*	*	*	*	*	*	*	*	—	*	*
2. „ var. cannaeformis	—	—	*	*	*	*	*	*	*	*	*	—
3. „ Cisti	*	*	*	*	*	*	*	*	*	—	*	—
4. Sphenopteris trifoliolata	*	—	—	—	*	—	—	*	*	—	*	—
5. Cyclopteris trichomanoides	*	*	—	—	*	—	—	—	—	—	*	—
6. Neuropteris auriculata	*	*	—	*	*	*	*	*	*	—	*	*
7. „ flexuosa	*	*	—	*	*	°*	*	*	*	—	*	*
8. „ var. tenuifolia	*	*	*	—	*	—	*	*	*	—	*	*
9. „ var. Grangeri	—	—	—	—	—	—	—	—	—	—	*	—
10. Cyatheites arborescens	*	*	*	*	*	*	*	*	*	—	*	*
11. „ var. Cyathea	*	*	*	—	*	°*	°*	—	—	—	*	*
12. „ Candolleanus	—	*	*	*	*	°*	*	—	*	—	*	*
13. „ Miltoni	*	*	*	*	*	°*	*	*	*	—	*	*
14. „ dentatus	*	*	—	*	*	*	*	*	*	—	*	*
15. Pecopteris aquilina	—	—	—	—	*	*	*	*	—	—	*	—
16. Pecopteris Grandini	*	—	*	—	*	—	°*	—	—	—	*	—
17. Lepidodendron Sternbergi	*	*	*	—	*	*	*	*	*	—	*	—
18. Stigmaria ficoides	—	*	*	*	*	*	*	*	*	—	*	—
19. Cordaites borassifolius	*	*	*	*	*	*	*	*	*	—	*	—
20. „ palmaeformis	*	—	—	—	*	—	*	*	—	*	*	*
21. Carpolithus marginatus	—	—	—	—	—	*	*	*	—	—	*	—

II. Architektonik der Steinkohlenformation an der Ostseite des Tödi.

Nachdem wir uns im ersten Theile dieser Arbeit davon überzeugt haben, dass die anthracitführenden Schichten des Bifertengrätli der Steinkohlenformation angehören, handelt es sich jetzt darum zu untersuchen, in welcher Lagerung diese Formation vorkommt und welche Aufschlüsse über das Alter der sie begrenzenden Gesteine dieselbe zu geben im Stande ist.

Meine Untersuchungen an Ort und Stelle, die in Folge vorgerückter Jahreszeit durch locale, starke Schneebedeckung allerdings stellenweise sehr gehemmt waren, haben zu der durch die Profile auf Taf. I gegebenen tektonischen Auffassung geführt. Die von A. Heim gelieferte, geologische Monographie der Tödigruppe (Mechanismus der Gebirgsbildung I) hat mir dabei wesentliche Dienste geleistet.

Das Liegende des Carbons bilden krystallinische Schiefer — Gneisse und Glimmerschiefer — wie dies schon von A. Escher von der Linth erkannt und in der geologischen Uebersichtskarte der Schweiz dargestellt worden ist; als Hangendes folgen aufeinander Verrucano, Röthidolomit, brauner und weisser Jura.

Die krystallinischen Schiefergesteine sind vorwaltend Gneisse, die aber von grünlich bis gelblich weissen, talkähnlichen Glimmerhäuten ganz durchzogen sind, — ein Umstand, der häufig diesen Gesteinen ein echtkrystallinischen Schiefern fremdartiges Aussehen verleiht. Das Carbon besteht aus meist kohligen, schwärzlich gefärbten Thonschiefern, arkoseartigen Sandsteinen und Conglomeraten, welche gewöhnlich von weisslichen, glänzenden Glimmerhäutchen durchwoben einen etwas krystallinischen Habitus gewinnen. Der Verrucano endlich wird aus grünen und rothen Thonschiefern, arkoseartigen Sandsteinen und Conglomeraten gebildet, denen grünliche bis weisse, talkähnliche Glimmerhäute ebenfalls beigemengt sind.

Wie bereits angedeutet, zeigen hier also die klastischen Gesteine häufig ein krystallinisches, die krystallinischen Gesteine aber ein klastisches Aussehen. Diesem Umstande ist es zuzuschreiben, dass man vielfach von allmählichen Uebergängen sprechen hört, welche zwischen den Gesteinen dieser 3 Formationen stattfinden sollen. Dieser Irrthum hat aber eine wesentliche Stütze in der Unbestimmtheit des Begriffes «Verrucano» gefunden.

Was ist Verrucano? Zunächst das Conglomerat, auf welchem die Burg Verruca bei Pisa liegt und über dessen palaeontologisch unbestimmtes Alter wir bis jetzt nur soviel wissen, dass es entweder permisch oder triasisch ist.

Mit diesem Gesteine zusammen vorkommende Gneisse, Glimmerschiefer, Quarzite, Thonschiefer, Dolomite u. s. w.; ebenfalls von ungewissem Alter, hat man unter dem allgemeinen Namen Verrucano eine Zeit lang als eine Formation zusammengefasst; später aber, als darin rhätische, triasische und carbonische Schichten palaeontologisch nachgewiesen worden waren, Verrucano nur als Gesteins-, nicht als Formationsbezeichnung festzuhalten gesucht. Anderwärts, in den Alpen, hatte man Gesteine, welche denen vom Monte Pisano ähnlich sind und ein gleiches oder doch nahestehendes Alter zu haben schienen, ebenfalls als Verrucano bezeichnet. Doch hat man auch hier wieder gewisse carbonische und archäische Gesteine mit hinzugezählt und die petrographische Unterscheidung dieser von jenen als unthunlich hingestellt. Man ist in Folge dessen gezwungen, von archäischem, carbonischem, triasischem, rhätischem Verrucano und solchem unbestimmten Alters zu reden, und viele Geologen thuen dies, indem sie, um einem geologischen Widerspruche zu entgehen, Verrucano nicht als Formations-, sondern als Gesteinsbezeichnung auffassen. Wenn wir aber Verrucano als petrographische Bezeichnung festhalten wollen, so müssen wir auch eine petrographische Definition dafür aufstellen. Eine solche zu geben, ist aber noch niemals versucht worden, und wie wir alsbald sehen werden, auch ganz unmöglich.

Entweder also müssen wir den Namen Verrucano ganz fallen lassen oder damit einen geologischen Begriff verbinden und in letzterem Falle damit diejenigen Conglomerate, Sandsteine und Thonschiefer bezeichnen, welche das Liegende einer zwischen das Mittel-Carbon und den Muschelkalk eingeschalteten Schichtenreihe palaeontologisch noch ungewissen Alters bilden.

Zunächst handelt es sich nun darum, zu zeigen, warum eine petrographische Definition des Begriffes Verrucano unmöglich ist, und wir erreichen dies am einfachsten damit, dass wir eine petrographische Beschreibung der Gneisse, des Carbons und des postcarbonischen Verrucano*) vom Bifertengrätli geben, dabei uns allerdings mehrfach auch auf die Ausbildung, welche dieselben Gesteine an anderen Localitäten erlangt haben, beziehend.

---

*) Die Bezeichnung des Verrucano als postcarbonisch ist hier der Kürze halber gewählt, obwohl ihm nach unserer Annahme, dass er das Rothliegende vertrete, obercarbonisches Alter zukommt. Hier liegt es uns nur daran hervorzuheben, dass er jünger als das palaeontologisch bestimmte Mittelcarbon ist.

1. Die Gneisse des Bifertengrätli und seiner Umgebung.

Diese Gesteine, welche zweifellos praecarbonisches Alter haben, bestehen in der Hauptsache aus Feldspath, Quarz und Glimmer, denen sich stellenweise als recht auffälliger Bestandtheil Magneteisen zugesellt.

Geradeso wie bei den archäischen krystallinischen Schiefergesteinen des sächsischen Erzgebirges*) hat man auch bei denjenigen der Alpen zwischen zweierlei Gemengtheilen zu unterscheiden. Die einen sind schichtenweise angeordnet und stellen die primären Bestandtheile dar, während die anderen in allen möglichen von der Schichtung unabhängigen Richtungen im Gesteine vertheilt vorkommen und als secundäre Bestandtheile zu gelten haben, welche ihre Entstehung allen den Veränderungen, denen die Gesteine seit ihrer Ablagerung ausgesetzt waren, verdanken. Je bedeutender diese Veränderungen waren, desto grösser ist die Rolle, welche die secundären Bestandtheile in den betreffenden Gesteinen spielen.

Die primären Bestandtheile unseres Gneisses sind Feldspath, Quarz und Glimmer, local auch Magneteisen.

Der Feldspath ist meist schon stark umgewandelt. Wo seine Substanz noch frisch genug und eine optische Untersuchung möglich ist, erweist er sich als ein Plagioklas. Seine Krystalle kommen meist nur in Form unregelmässig begrenzter Körner vor. Der Quarz tritt in bald ganz unregelmässig, bald ganz oder auch nur auf einigen Seiten von den Pyramide- und Prismaflächen begrenzten Individuen auf. Der Muscovit, quantitativ ein untergeordneter Gemengtheil, bildet einzelne tafelförmige Blätter.

Die secundären Bestandtheile unterscheiden sich, wenn man von den grösseren gang- und trumförmigen Massen absieht, von den primären durch ihre mikrokrystallinische Ausbildung. Letztere sind meist schon makroskopisch erkennbare Mineralindividuen, während erstere nur mikroskopisch kleine Individuen darstellen, welche theils in den primären Mineralien als deren unmittelbare Zersetzungsproducte eingesprengt sind, theils ausserhalb derselben auf Spalten und Rissen in Form von Häuten, faserigen Lagen u. s. w. auftreten. Die genaue Bestimmung der chemischen Zusammensetzung dieser secundären Mineralien ist meist unthunlich, da es nicht möglich ist, sich zur Analyse ganz reines Material zu beschaffen. Aber selbst unter dem Mikro-

---

*) Zeitschr. der Deutschen geol. Ges. 1879, Ueber mechanische Gesteinsumwandlungen bei Hainichen in Sachsen, pag. 380.

skope gelingt es nicht immer, diese fein krystallinischen und oft verworren struirten Aggregate in alle ihre kleinsten Mineralindividuen aufzulösen.

In unseren Gneissen treten als secundäre Mineralien mikrokrystallinischer Glimmer, Quarz, Kalkspath und ein kaolinähnliches Mineral auf. Der Glimmer waltet weitaus vor und besteht aus meist nur 0,003 bis 0,03 Millim. grossen, im durchfallenden Lichte wasserhellen Schüppchen, welche optisch zweiaxig sind und das Licht lebhaft chromatisch polarisiren.

Die einzelnen Schüppchen sind meist filzartig miteinander verwoben. Quarzkörner und Aggregate solcher, sowie Kalkspath zum Theil in 0,02 bis 0,01 Millim. grossen Rhomboëdern sind in den Glimmerhäuten eingesprengt, wozu häufig noch äusserst kleine, das Licht aber nur sehr schwach chromatisch polarisirende Körnchen und Aggregate solcher kommen, die wegen ihrer Kleinheit sich mineralogisch nicht bestimmen lassen. Sie zeigen jedoch eine grosse Aehnlichkeit mit Kaolin, zu dem sie vielleicht gehören.

Die bereits eingangs erwähnten, für das Aussehen unserer Gneisse so charakteristischen, talkähnlichen, grünlich-weissen Glimmerhäute bestehen in der Hauptsache aus solchen mikrokrystallinischen, filzig-verwobenen, sericitischen Aggregaten von Glimmerschüppchen, die sich optisch dem Kaliglimmer verwandt erweisen und welche secundäre Gebilde sind.

Diese zwei Thatsachen, welche für die Auseinanderhaltung des Verrucano, Carbon und Gneisses von grösster Wichtigkeit sind, müssen wir daher etwas näher betrachten.

Der sericitische Glimmer.

Als Sericit hat List bekanntlich einen äusserlich talkähnlichen Glimmer gewisser Taunusschiefer bezeichnet, welchen er wegen seines Seidenglanzes so benannte und der ein eisenoxydulreiches Alkali-Thonerde-Silicathydrat darstellt. Der eigenthümliche Glanz ist die Folge des filzartig verwobenen Aggregatzustandes der einzelnen Schüppchen und Fasern. Die chemische Zusammensetzung verweist auf den Kaliglimmer. — Aehnliche fett- bis seidenglänzende, mikrokrystallinische Glimmeraggregate, welche ebenfalls dem Kaliglimmer zuzuzählen sind, wurden unter anderen Namen von anderen Orten mehrfach beschrieben. Dahin gehören z. B. der Damourit, Didymit und Margarodit.*)

---

*) Während des Druckes dieser Abhandlung erschien eine Arbeit über den S e r i c i t v o n H. L a s p e y r e s in der Zeitschr. f. Krystallogr. von Groth, 1880, Bd. 4, Heft 3, in welcher chemisch und physikalisch die Identität des Sericites von Hallgarten im Rheingau mit dem Kaliglimmer nachgewiesen und dem Namen „Sericit" nur noch als Structurbezeichung des dichten Kaliglimmers Berechtigung zugesprochen wird — eine Auffassung, welche in völliger Uebereinstimmung mit

Alle diese mikrokrystallinischen Varietäten des Kaliglimmer erscheinen äusserlich talkähnlich und fett- bis seidenglänzend. · Derartige Glimmeraggregate sind aber in den Gneissen und, wie wir sehen werden, auch in dem Carbon und Verrucano der Alpen eine sehr häufige, ja ganz gewöhnliche Erscheinung, von wo sie auch unter allen möglichen Namen beschrieben worden sind, ohne dass dadurch über ihr eigentliches Wesen rechte Klarheit verbreitet worden wäre.

Mit grosser Sicherheit hat es sich mir nun, wenigstens für die betreffenden Gesteine des Canton Glarus und des Berner Oberlandes, ergeben:

1. dass diese talkähnlichen, mikrokrystallinischen, fett- bis seidenglänzenden Glimmerhäute kein Talk sind, sondern Alkali-Thonerde-Silicathydrate darstellen, die ich daher alle als sericitischen Glimmer bezeichne, da eine genaue Feststellung der chemischen Zusammensetzung und der physikalischen Eigenschaften dieser Mineralien aus den bereits oben erwähnten Gründen wohl nie ganz gelingen wird;

2. dass dieser sericitische Glimmer stets secundär ist und hauptsächlich auf den Schieferungs- und Zerklüftungsebenen und Spalten, sowie auf Ablösungen und Hohlräumen, welche bei der Herausbildung der Schieferung entstanden sind, sich angesiedelt hat.

Da die Schieferung, welche viele geschichtete Gesteine zeigen, ziemlich allgemein als die Folge von Druck angesehen wird, welcher auf die Gesteine ausgeübt worden ist, so ist es an sich klar, dass Minerallagen, welche auf den Schieferungsflächen liegen, secundärer Entstehung sein müssen, sobald die Schieferungsflächen mit den Schichtungsebenen nicht zusammenfallen. Da nun unsere sericitischen Glimmerhäute zum grossen Theil auf den Schieferungsflächen liegen und diese nicht mit der Schichtung zusammenfallen, so ist damit auch die secundäre Entstehung dieses Glimmers bewiesen. Ein fernerer Beweis dafür liegt darin, dass ein Theil des sericitischen Glimmers sich, von jenen Häuten ausgehend, wie das Mikroskop lehrt, auf feinen Sprüngen in die primären Quarz- und Feldspathkrystalle hineinzieht.

Letzterer Umstand ist aber insofern von Wichtigkeit als er beweist, dass mit der Herausbildung der Schieferung zugleich die Entstehung jener Sprünge Hand in Hand gegangen sein muss, durch welche die einzelnen primären Mineralien zum Theil zertrümmert worden sind. Dies zwingt uns in Kürze

---

unseren hier mitgetheilten Ansichten steht. Vielleicht ist durch die Laspeyres'sche Entdeckung, dass jener Sericit sich in kochender Salzsäure langsam aber vollständig löst, ein Mittel gegeben, auch den sericitischen Glimmer unserer Gesteine von den anderen beigemengten Mineralien zu befreien.

die Schichtung, Schieferung und Zerklüftung der Gneisse

zu besprechen. Bekanntlich sind die Geologen, welche sich mit den krystallinischen Schiefergesteinen der Alpen beschäftigt haben, in zwei Lager getheilt; die einen halten die Parallelstructur dieser Schiefer, welche sich häufig genug im Grossen als sogenannte Fächerstructur zu erkennen gibt, für Schieferung, die anderen für Schichtung. Für die Gneisse des Aarthales hat Baltzer*) jedoch neuerdings das Zusammenvorkommen von Schichtung und Schieferung, welche für gewöhnlich jedoch in eine Ebene fallen sollen, behauptet. Diejenigen, welche in den Gneissen und Glimmerschiefern postjurassische Eruptivgesteine sahen, hielten natürlich die Tafelstructur für blosse Schieferung; diejenigen aber, welche diese Gesteine für praejurassisch und sedimentär ansahen, waren, zum grössten Theil wenigstens, geneigt, darin Schichtung zu erblicken. Geht man jedoch z. B. von Innertkirchen aus das Aarthal herauf, so hat man an den für den Strassenbau nothwendig gewordenen Felsensprengungen genügend Gelegenheit sich davon zu überzeugen, dass einerseits die Tafelstructur, welche im Grossen die Grimselfächerstellung erzeugt, gar nichts mit der Schichtung zu thun hat und lediglich eine Schieferungserscheinung ist, anderseits aber dass neben dieser Schieferung eine wahre Schichtung vorkommt, welche meist stark und unregelmässig gewunden und zusammengestaucht erscheint, ohne dass mit den Schichtungsflächen zugleich Flächen geringster Cohäsion zusammenfallen. Ganz allgemein kann man daselbst feststellen, dass die Schieferungsebenen die Gesteine völlig unbekümmert um deren Schichtenverlauf durchsetzen, ja sogar häufig die Verdeckung letzterer veranlassen. Wo die Gesteine aus verschiedenartigen, z. B. biotitreichen und -armen, oder grob- und feinkörnigen, hellen und dunkeln Schichten bestehen, lässt sich der Verlauf der Schichten trotz der Schieferung leicht verfolgen. Wo aber die Schichten ganz gleichartig sind, was in vielen aus Feldspath, Quarz und Muscovit bestehenden Gneissen der Fall ist, kann der Schichtenverlauf häufig deshalb im Kleinen nicht mehr beobachtet werden, weil auf sämmtlichen Schieferungsflächen sich jene sericitischen Glimmerhäute angesiedelt haben, welche dem Gesteine dann eine scheinbare, d. h. falsche Schichtung parallel der Schieferung verleihen.

Ganz ebenso wie bei den Gneissen am Tödi zeigen auch die Gneisse und übrigen krystallinischen Schiefer im Gebiete des Aarthales primäre und secundäre Mineralien; zu ersteren gehören Feldspath, Quarz, Biotit, Muscovit, Amphibol, Granat etc.; unter letzteren waltet auch hier jener sericitische Glimmer stark vor, indem er ebenfalls die

---

*) A. Baltzer, Beiträge zur Geognosie der Schweizer Alpen. N. Jahrb. f. Miner. 1878.

Schieferungs- und Zerklüftungsflächen sowie die Sprünge in den primären Mineralien begleitet. Diese mikroskopisch feinen Sprünge in den primären Mineralien verdienen aber eine besondere Beachtung, da sie offenbar erst nach Entstehung der betreffenden Mineralien entstanden sind. Unter dem Mikroskope sieht man, dass die durch sie hervorgebrachten Mineralfragmente um ein Weniges auseinandergerückt sind, und dass in den so gebildeten Zwischenräumen sich sericitischer Glimmer angesiedelt hat.

Bereits früher habe ich darauf hingewiesen, dass man die Gesteinsumformungen, wie sie in der Natur vorkommen, nicht als rein mechanische Vorgänge auffassen darf.*) Die chemischen Veränderungen dauern immer an, ja werden noch durch mechanischen Druck vergrössert. Während einer lang andauernden Druckwirkung kann darum ein Gestein seine chemische Zusammensetzung sehr wesentlich verändern, wodurch dann auch die rein mechanische Wirkung des Druckes sehr beeinflusst wird. Wir wissen, dass die archäischen Schiefer der Alpen nicht mit einem Male aus ihrer horizontalen Lage in die jetzige gekommen sind. Es müssen zu den verschiedensten Zeiten Hebungen stattgefunden und lange angedauert haben. Schon zum Beginne derselben müssen aber Zerreissungen der einzelnen Mineralien und Entstehung von Schieferung und Zerklüftung stattgefunden haben. Indem aber hauptsächlich aus der Zersetzung der primären Mineralien hervorgehende Solutionen die so entstehenden Spältchen und Spalten mit secundären Mineralien, vornehmlich mit sericitischem Glimmer, schon damals ausfüllten, kam es, dass der mechanisch wirkende Druck später auf dieselbe Gesteine eine ganz andere Einwirkung ausüben konnte, indem minimale Bewegungen unter den einzelnen Mineralien und Mineralfragmenten durch die nun dazwischen gelagerten weichen, biegsamen Glimmerhäutchen um Vieles erleichtert waren. Der Umstand, dass wir auf den sericitischen Glimmerhäuten der alpinen Gneisse sehr häufig eine Art von Rutschstreifung wahrnehmen, scheint sehr bedeutend für das Vorhandengewesensein solcher Bewegungen in den betreffenden Gesteinen zu sprechen.

Wir haben also gesehen, dass die Gneisse des Aarthalgebietes und diejenigen am Tödi im Innern eine nur mikroskopisch wahrnehmbare gegenseitige Verschiebung der ursprünglichen Gemengtheile erlitten haben, indem sich winzige Sprünge und Risse in und zwischen den einzelnen Mineralien bildeten. Messungen ergaben, dass diese Sprünge in der Regel höchstens 0,15 Millim., meist aber noch viel weniger weit klaffen. Die durch sie ermöglichten Verschiebungen sind an sich zwar ganz unbedeutend, in ihrer Gesammtheit jedoch konnten sie recht wohl selbst die complicirtesten Schichtenbiegungen zu ihrem Endergebnisse haben. Ein Millim. grosse Quarz- oder Feldspath-

---

*) l. c. pag. 368.

krystalle lassen im Dünnschliffe gewöhnlich 4 bis 8 solcher Sprünge erkennen. Da aber von diesen winzigen Sprüngen und Verschiebungen das unbewaffnete Auge nichts wahrnehmen kann, so hat man eine in Folge solcher Vorgänge entstandene Schichtenbiegung wohl mit Recht eine plastische Umformung genannt. *)

Ein Theil dieser winzigen Zerreissungen, welche also wohl local die Cohäsion einzelner Gesteinstheilchen, aber niemals die des ganzen Gesteines zu überwinden im Stande waren**), verläuft regellos im Gesteine, ein anderer und zwar der grössere Theil aber hält eine in der Hauptsache von der auf das Gestein wirkenden Druckrichtung bestimmte Richtung ein, in welcher sich also hauptsächlich die secundären sericitischen Glimmerhäute ausbilden, durch deren Natur dann die Spaltbarkeit, d. i. Schieferung des Gesteines bedingt wird.

2. Die carbonischen Gesteine.

Auch bei diesen haben wir zwischen primären und secundären Bestandtheilen zu unterscheiden. Zu den ersteren gehört sämmtliches klastische Material, welches diese Thonschiefer, Sandsteine und Conglomerate zusammensetzt. Unter den secundären Mineralien tritt besonders auffällig ein sericitischer, meist silberglänzender, weisser bis grünlicher Glimmer auf.

Der silberglänzende, sericitische Glimmer,

welcher auch als Versteinerungsmittel der Pflanzen ganz allgemein in dem Carbon der schweizerischen und französischen Alpen auftritt, wurde früher für Talk angesehen, ein Irrthum, der sich aber schon 1852 aufklärte durch eine von Marignac ausgeführte Analyse (2), welche 1861 durch Terreil (1) wiederholt wurde. Dieselben ergaben als Zusammensetzung dieses Glimmers***):

---

*) Zwar hat M. Stapff (N. Jahrb. f. Miner. 1879, pag. 799) sich neuerdings sehr entschieden gegen diese Bezeichnung erklärt, aber offenbar bleibt die Thatsache, dass Schichten ohne Verlust ihrer Continuität oft auf das complicirteste gewunden erscheinen, unerklärt durch seine Behauptung, dass solche Schichten nur gefaltet sein könnten, wenn sie vorher ganz zertrümmert und zermalmt worden seien.

**) Sobald diese Zerreissungen die Cohäsion des ganzen Gesteines zu überwinden im Stande sind, treten nicht mehr plastische Umformungen, sondern Gesteinsbrüche, Verwerfungen und Breccienbildungen ein, wie ich solche l. c. beschrieben habe.

***) A. Favre, Rech. géol. de la Savoie, Tome III, 1867, Seite 192.

	1.	**2.**	
Kieselsäure	50,00	46,95	
Thonerde	36,45 ⎫	36,24	
Eisenoxyd	0,37 ⎭		
Kalk und Magnesia	0,45	1,52	(nur Magnesia)
Alkalien	5,01	9,39	(aus der Differenz bestimmt)
Schwefel	Spur	—	
Wasser	7,96	5,90	
	100,24	100,00.	

Obwohl eine Trennung der Alkalien nicht ausgeführt wurde, so sehen wir doch soviel, dass das analysirte Mineral zu den Glimmern und zwar nach den Mengeverhältnissen der Alkalien, Thonerde und Kieselsäure entschieden zu den Kaliglimmern gehört. Zum Pyrophyllit kann es wegen seines Alkalienreichthumes, der es auch vom Gümbelit trennt, nicht, wie einige wollen, gestellt werden. Unter dem Mikroskope verhält es sich wie ein Kaliglimmer und gleicht auch völlig dem sericitischen Glimmer, wie er weiter oben aus den Gneissen beschrieben wurde. Von letzterem unterscheidet er sich nur durch seinen etwas stärkeren Silberglanz, der zum Theil allerdings dem dunkleren, schwarzen Untergrunde der carbonischen Gesteine auf Rechnung zu stellen ist.

Dieser sericitische Glimmer spielt in den carbonischen Gesteinen des Bifertengrätli genau dieselbe Rolle wie in den Gneissen. Ausserdem aber tritt er auch als Versteinerungsmittel auf, wobei die kohligen Pflanzenstoffe meist ganz verschwunden sind. Wo letztere erhalten blieben, zeigen sie sich in Anthracit umgewandelt. Da dieser Verkohlungsprocess jedoch zugleich mit einer Volumeneinbusse verbunden war, so entstanden hohle Räume im und um den Anthracitpflanzenkörper, welche theils mit sericitischem Glimmer, theils mit Quarz angefüllt worden sind. Nur selten sind die Pflanzentheile in Quarz umgewandelt.

Eigentliche Anthracitflötze kommen nicht vor, meist haben wir es nur mit einzelnen verkohlten Baumstämmen und Anhäufungen solcher zu thun, welche nur ganz schwache, grössere und kleinere Schmitzen und Lager bilden. Da auch diese carbonischen Schichten eine stark ausgeprägte transversale Schieferung besitzen, so ist es meist sehr schwer, die auf den Schichtflächen liegenden Pflanzenabdrücke aus dem nach den Schieferungsebenen spaltenden Gesteine herauszuschlagen. Da die Schichtflächen häufig stark gewunden sind, so zeigen sich die Folgen davon nicht selten an dem Erhaltungszustande der Pflanzenreste, welche bald zusammengepresst, bald in die Länge gezogen erscheinen.

Hierauf ist der auch bei den Pflanzenresten des Wallis und der Tarentaise bekannte Umstand zurückzuführen, dass bei Farnfiedern die Fiedersegmente auf der einen Seite der Rhachis unter anderem Winkel von letzterer abstehen als auf der anderen Seite, ferner auf der einen Seite alle z. B. kurz und breit, auf der anderen länglich und schmal sind.

Wie schon früher angeführt wurde, gewinnen die feldspathreichen, arkoseartigen Sandsteine, wo die transversale Schieferung und damit zugleich jene sericitischen Glimmerhäute stark entwickelt sind, ein gneissartiges Aussehen. Einer sorgfältigen Untersuchung gelingt es jedoch immer, ihre klastische Natur festzustellen. Zunächst ist gewöhnlich eine Beimengung von kohligen Partikeln und von Thonschiefermaterial, das reich an jenen bekannten, winzigen «Thonschiefernädelchen» ist, bemerkbar. Von den klastischen Quarzen, Feldspathen, Magnesia- und Kaliglimmern unterscheiden sich insbesondere die Quarze und Feldspathe unter dem Mikroskope leicht von denen des Gneisses, indem die einzelnen Körner sehr häufig, ja sogar gewöhnlich nicht wie fast stets in den Gneissen einzelne Krystallindividuen, sondern Aggregate solcher darstellen. Bald bestehen diese Körner aus unregelmässig geformten Aggregaten von Quarz oder Feldspath, bald auch aus solchen von Quarz und Feldspath, und sie charakterisiren sich dadurch deutlich als Trümmer praeexistirender Gesteine. Die Feldspathe sind zum Theil monoklin, zum Theil triklin, und häufig kommen in den klastischen Körnern Individuen beider Art zusammen vor.

Auch in den carbonischen Gesteinen sind wie im Gneisse die einzelnen primären, aber hier klastischen Mineralkörner von feinsten Rissen und Sprüngen durchzogen und die einzelnen dadurch entstandenen Kornbruchstücke um Weniges auseinandergeschoben. Nur wo viel feinerdiges Thonschiefermaterial zwischen den gröberen klastischen Massen liegt, ist dies weniger häufig der Fall, offenbar weil die im Gesteine vorhandenen Spannungen, welche jene Sprünge erzeugten, sich eher durch Bewegungen in dem feinerdigen, an sich beweglicheren Materiale als durch Zerreissungen und Verschiebungen der groben Sandkörner ausglichen.

3. Die Gesteine des Verrucano.

Die primären Bestandtheile dieser Gesteine bestehen theils aus Thonschiefermaterial, theils aus Sandkörnern und Geröllen. Je nachdem die einen oder anderen vorwalten, haben wir es mit Thonschiefern oder Sandsteinen und Conglomeraten zu thun. Secundär treten hauptsächlich jener sericitische Glimmer, Calcit und Quarz auf. Wo mittel-

körniges klastisches Material stark vorwiegt, resultirt oft ein krystallinischer Habitus
des Gesteines. Doch selbst mikroskopisch lässt sich auch hier die Klasticität der
Krystallkörner nach denselben Kriterien, wie beim Carbon, feststellen. Der Quarz
herrscht stark vor; der Feldspath ist meist schon ganz oder doch sehr stark zersetzt;
Biotit scheint nicht vorhanden zu sein. Ein weiteres Charakteristikum der Klasticität
des Verrucano sowohl wie des Carbons ist, dass im Gegensatze zu dem Gneisse ganz
regellos sowohl alle Korngrössen als auch die verschiedenartigsten Mineralarten durch-
einander liegen, bald in ganz unregelmässig gestalteten Formen, bald zum Theil noch
Krystallflächen als Begrenzungen zeigend.

In Bezug auf die auch hier vorhandenen, mikroskopisch kleinen Sprünge und den
sie ausfüllenden sericitischen Glimmer gilt dasselbe, was über die gleichen Erscheinungen
im Carbon und Gneisse gesagt wurde.

––––––––––

Hiermit haben wir die petrographische Beschreibung dreier Formationen gegeben,
die häufig als durch Gesteinsübergänge mit einander verknüpft dargestellt werden.
Dass die Annahme solcher Uebergänge eine durch das gemeinsame Vorkommen secundärer Mineralien hervorgerufene Täuschung sei, ist wohl bereits evident geworden und
wird durch das Studium der **Lagerungsverhältnisse** nur bestätigt.

Das auf Taf. I gegebene Profil vom Krämer zeigt uns die Ueberlagerung des
Gneisses durch Verrucano, wie sie beim Aufstieg von der unteren zur oberen Sandalp
am sog. Krämer zu beobachten ist. Wir können dort von der Schichtung des Gneisses
nichts mehr wahrnehmen, da sich die einzelnen Schichten mineralogisch von einander
nicht mehr unterscheiden und durch eine ausgeprägte Schieferung ganz verdeckt worden
sind. Diese Schieferung, welche man allerdings vielfach irrthümlich für die Schichtung
genommen hat, setzt an der hangenden Grenze des Gneisses ganz regelmässig und
continuirlich in den discordant darüberliegenden Verrucano fort. In diesem ist aber
die Schichtung daran recht wohl zu erkennen, dass abwechselnd Conglomerate, Sandsteine und Thonschiefer aufeinander folgen, welche fast rechtwinkelig die Schieferungs-
richtung kreuzen. Uebersieht man freilich diesen Umstand und nimmt man die
Schieferung für Schichtung, so scheint allerdings Verrucano allmählich im Streichen
in Gneiss überzugehen. Dieselbe Erscheinung wie an der Grenze zwischen Gneiss und
Verrucano treffen wir aber auch an derjenigen zwischen Verrucano und Carbon, sowie
zwischen Carbon und Gneiss überall da, wo die Schieferung die Schichtung unter irgend
einem Winkel schneidet.

Im Allgemeinen verläuft die Schieferung am ganzen Bifertengrätli gleichmässig, indem sie ungefähr 30° nach Süden fällt. Verfolgt man aber die Schichtung der Gesteine, so zeigt es sich, dass der Gneiss stark gewunden und gefaltet ist, dass das Carbon muldenförmig im Gneiss liegt und dass über beide übergreifend der Verrucano, ebenfalls einige Male stark gefaltet, sich hinzieht (vide Profil durch die Ostseite des Tödi auf Taf. I).

Nachdem wir also gesehen haben, dass der Gneiss, das Carbon und der postcarbonische Verrucano sich sowohl stratigraphisch, wie auch petrographisch sehr auffällig von einander unterscheiden, können wir zu der anfangs aufgeworfenen Frage zurückkehren: Ist es möglich, mit dem Namen Verrucano einen petrographischen Begriff zu verbinden?

A. Heim*) bezeichnete die von uns beschriebenen Gneisse von der Ostseite des Tödi als casannaartige Schiefer, die allmählich in Verrucano übergehen, der selbst wieder theils carbonischen, theils postcarbonischen Alters ist. Wir haben aber gesehen, dass jene casannaartigen «halbkrystallinen» und zum Theil «verrucanoartigen» Schiefer echte krystallinische Gneisse sind; dass ferner die Gesteine des Carbons und postcarbonischen Verrucano ursprünglich klastische Conglomerate, Sandsteine und Thonschiefer sind und dass endlich die Gesteine dieser drei Formationen durch keinerlei unmittelbare Uebergänge mit einander verknüpft, sondern durch Discordanz der Lagerung haarscharf von einander getrennt werden. Wir müssen demzufolge zum Schlusse kommen, dass diese Gesteine nach ihren ursprünglichen Gemengtheilen gar nichts gemeinsam haben. Gemeinsam ist ihnen nur die transversale Schieferung und alle mit dieser in Verbindung stehenden Umwandlungen, wozu hier besonders die Ausbildung des sericitischen Glimmers gehört.

Dass man aber Gesteine, welche sowohl nach ihrer Entstehung als nach ihren ursprünglichen Gemengtheilen ganz verschieden sind, nicht mit demselben petrographischen Namen belegen kann, ist augenscheinlich. «Verrucano» als Gesteinsbezeichnung ist somit unmöglich und es steht dem Nichts im Wege, dieses Wort wieder in seiner ursprünglichen Bedeutung anzuwenden und damit jene Schichtenserie meist rother und grüner Conglomerate, Sandsteine und Thonschiefer zu bezeichnen, welche bisher versteinerungsleer befunden wurde, ihrer Lagerung nach aber zwischen Carbon und Muschelkalk fällt. Dieselbe lässt sich von dem Toscanischen Apennin an durch die Alpen ihrer ganzen Länge nach verfolgen und wird meist concordant von

---

*) Mechanismus der Gebirgsbildung I, pag. 41.

einer Dolomitetage überlagert. Am Tödi nimmt der Verrucano nach dem Hangenden kleine Dolomitlinsen und -Lager auf, die zu mächtigeren Flötzen nach oben anschwellen und endlich den Röthidolomit constituiren, der somit concordant auf dem Verrucano liegt und durch allmähliche Gesteinsübergänge mit diesem verknüpft ist.

Vergleichsweise geben wir folgende Profile:

1. Für die östreichischen Südalpen:

Buntsandstein: Werfener Schichten.

Bellerophonkalk mit seiner eigenartigen Fauna.
Rauhwacke und dunkler Dolomit.
Gyps, Halbgyps und Thone.

Groedener Sandstein mit Ullmannia Bronni Goepp. et Geinitzi Hr. Carpolithes Klockeanus Gein., Eiselianus Gein. et hunnisus Hr. Baiera digitata Brong. Voltzia hungarica Hr. et acutifolia. Taeniopteris Eckardi Germ.*)	Dahin gehört wohl auch die Flora von Fünfkirchen in Ungarn**). Ullmannia Geinitzi Hr., Carpolithes Klockeanus Gein., hunnisus Hr., foveolatus Hr., Eiselianus Gein., libocedroides Hr., et Geinitzi Hr. Baiera digitata, Voltzia hungarica Hr. et Böckhiana Hr. Schizolepis permensis Hr.

Verrucano, wechsellagernd mit Quarzporphyr und Porphyrtuffen, Flora: Walchia piniformis Schloth. et filiciformis Schloth. Schizopteris fasciculata var. Zwickaviensis Gutb. Sphenopteris tridactylites Brong. oxydata Goepp. et Suessi Gein. (Val Trompia).

Phyllit.

Zwar ist Gümbel wegen des Vorkommens von näher nicht bestimmbaren Aethophyllum- und Albertiaresten geneigt, die Groedener Schichten und damit auch den Bellerophonkalk schon zum Buntsandstein zu stellen, aber vorläufig scheint diese Ansicht noch nicht genügend begründet zu sein.

---

*) Gümbel, die Pflanzenreste führenden Sandschichten von Recoaro 1879.
**) O. Heer, über permische Pflanzen von Fünfkirchen 1876 in Jahrb. der ung. geol. Anstalt.

2. Profil für die schweizerischen Ostalpen:

Jura.

Oberer Röthidolomit.
Quartenschiefer.
Röthidolomit, Rauhwacke und Gyps.
Sockelschichten: Quarzite, Dolomite, rothe und grüne Thonschiefer.

Verrucano.*)

Carbon.

3. Profil für die Westalpen:

Kössener Schichten (Rhät.).

Dolomit, Rauhwacke, Gyps, Anhydrit, bunte Mergel.
Quarzit.

Verrucano.

Carbon.

4. Profil für die schweizerischen Südalpen:

Muschelkalk.
Sandstein, triasisch.

Dolomit.

Verrucano.

Krystallinische Schiefer.

---

*) O. Heer hat hierfür (siehe „Urwelt der Schweiz") den Namen Sernifit vorgeschlagen, weil diese Gesteine besonders mächtig und verbreitet im Sernfthale sind. Da die ähnlichen Gebilde in den übrigen Theilen der Alpen jedoch ganz allgemein als Verrucano bezeichnet werden, so wurde hier dieser Name auch beibehalten, um der vermutheten Gleichalterigkeit dadurch Ausdruck zu verleihen.

Es ergibt sich aus dem Vergleiche dieser vier Profile, dass die krystallinischen Schiefer und das Carbon ebenso wie im Apennin*) in den Alpen von Verrucano überlagert werden, welcher an einer Stelle eine echte Rothliegendenflora einschliesst; darüber folgen in den Ostalpen Sandsteine mit einer Zechsteinflora und darüber, anderwärts in den Alpen aber direct über dem Verrucano, Dolomite und Gypse, deren Aehnlichkeit mit dem englischen Zechstein schon 1821 Buckland und 1823 Bakewell hervorhob.

Für die von uns beschriebenen Schichten an der Ostseite des Tödi ergibt sich schliesslich hieraus, dass die eine echt mittelcarbonische Flora enthaltenden, anthracitführenden Schichten des Bifertengrätli stark gefaltet und auf einer Unterlage von krystallinischen archäischen**) Schiefern muldenförmig eingelagert sind, und dass über beiden Formationen permische Schichten discordant ausgebreitet liegen, welche sich in eine untere, Verrucanoetage, und eine obere, Dolomitetage, gliedern und die vom mittleren und oberen Jura überlagert werden.

Eine stark ausgeprägte transversale Schieferung hat sich, unbekümmert um den Schichtenverlauf, in den krystallinischen Schiefern, dem Carbon und Verrucano herausgebildet und ist eine Folge der bei der Gebirgsbildung thätigen Druckkräfte.

---

*) O. Heer zählt in der Biographie A. Eschers v. d. L. eine Anzahl echt carbonischer Pflanzen auf, welche ihm G. Meneghini in Pisa als aus dem Verrucano von Jano stammend gezeigt hat. Auf Befragen theilte mir letzterer jedoch mit, dass er Verrucano nur in lithologischem Sinne gebrauche und dass im Toscanischen und in den Apuanischen Alpen bereits carbonischer, triassischer und rhätischer Verrucano palaeontologisch bestimmt sei. Der „Verrucano" von Jano ist stratigraphisch ein ganz anderes und zwar älteres Gebilde als der vom Monte Pisano.

**) Es lag meinen Untersuchungen gänzlich fern, eine Gliederung auch in diesen krystallinischen Schiefern durchzuführen. Doch sei, um Missverständnissen vorzubeugen, hier nur soviel bemerkt, dass die Gneisse des Bifertengrätli an der linken Seite des Bifertengletscher vielfach mit Glimmerschiefer wechsellagern, und sich überhaupt von den Gneissen sowohl des oberen Theiles dieses Gletscherthales als auch des Aarthales sehr wesentlich unterscheiden, so dass die Annahme, es hier mit jüngeren Gneissen, etwa solchen der Glimmerschieferformation, zu thun zu haben, sehr wohl begründet erscheint.

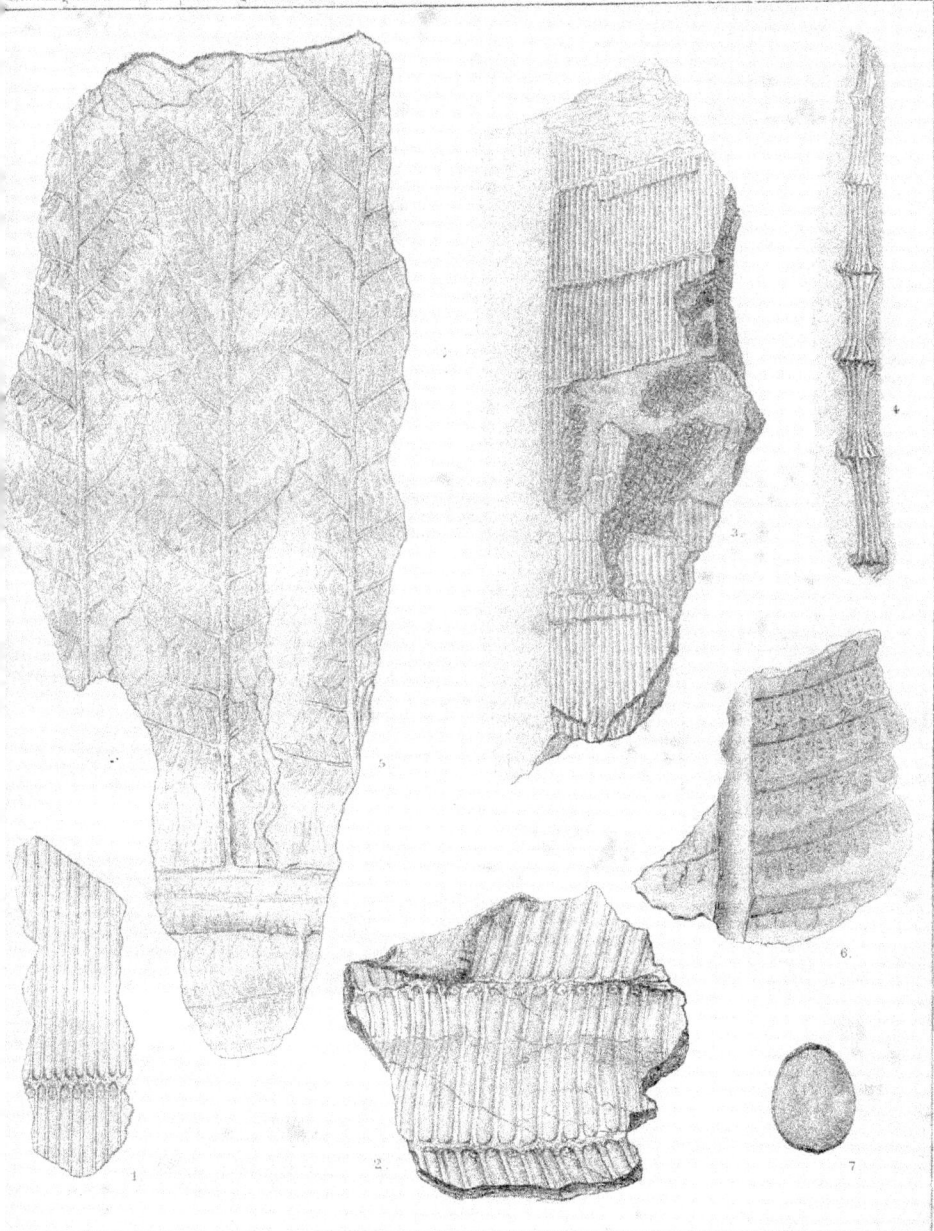

g. 1. Calamites Suckowi Brong. 2. var. cannaeformis Schloth. 3. Calamites Cisti Brong. 4. Asterophyllites. 5. Cyatheites arborescens var. cyathea Schloth. 6. Cyatheites Miltoni Artis. 7. Carpolithus marginatus Artis.

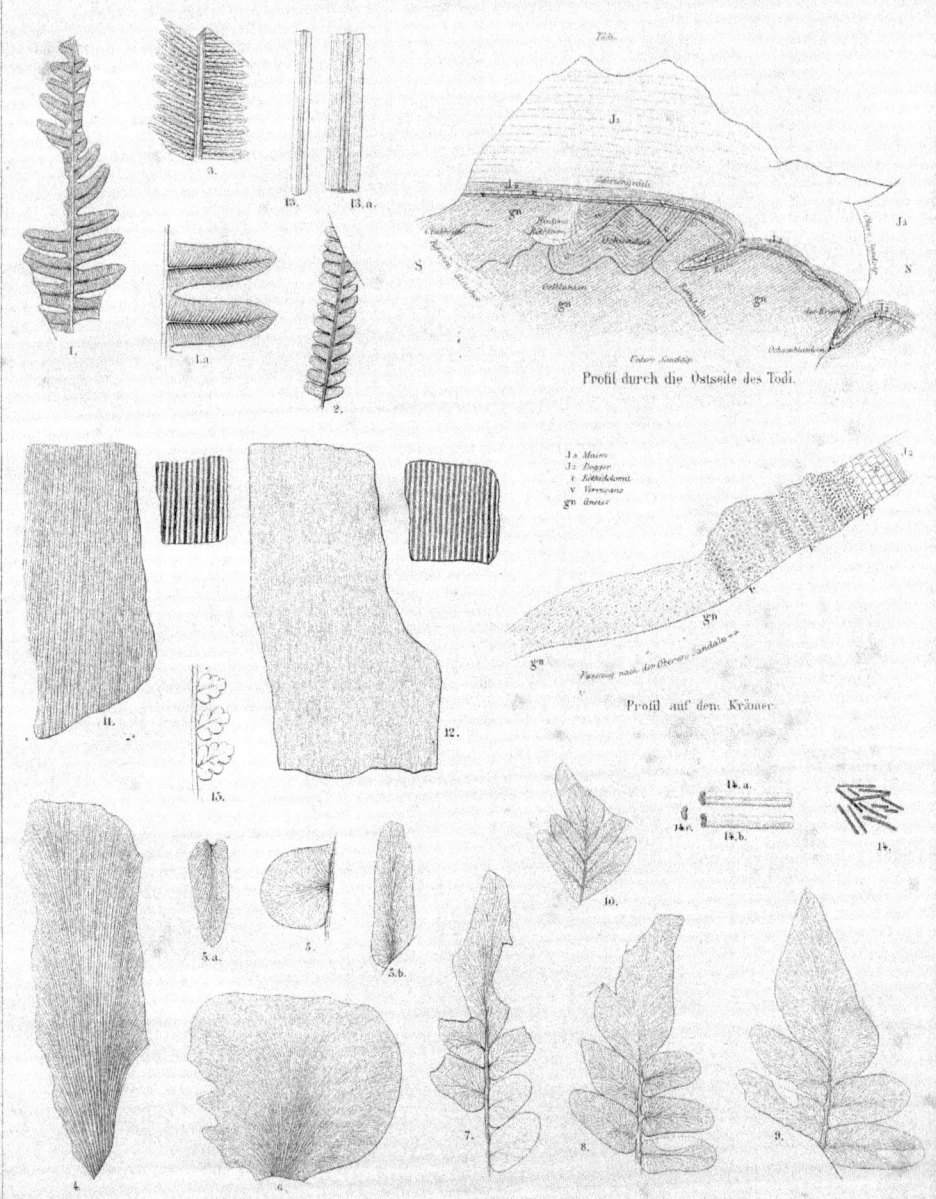

Profil durch die Ostseite des Tödi.

Profil auf dem Krämer.

Fig. 1. Pecopteris Grandin Brong. 2. Cyatheites arborescens Schloth. 3. Cyatheites Candolleanus Brong 4, 5, 5 a, b 6. Neuropteris auriculata Brong 7. Neuropteris Grangeri Brong. 8. 9. Neuropteris flexuosa Brong. 10. var. tenuifolia Schloth. 11. Cordaites borassifolius Sternb. 12. C. palmaeformis Goepp. 13. 13. a. Lepidophyllum Sternbergi. 14, 14. a-c. Walchia. 15. Sphenopteris trifoliolata Brg.

www.ingramcontent.com/pod-product-compliance
Lightning Source LLC
Chambersburg PA
CBHW031417180326
41458CB00002B/412